에헴, 동장군아 물렀거라!

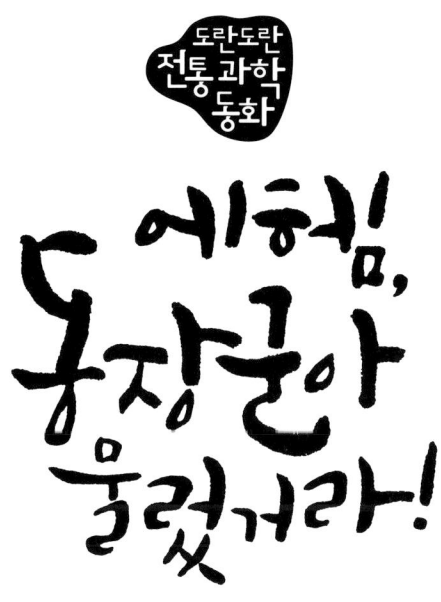

에헴, 동장군아 물렀거라!

윤희정 지음 | 김혜란 그림

초대하는 글

옛 생활 구석구석에서 빛나는
과학 이야기 속으로

어릴 적, 어머니는 집 안 곳곳에 숯을 많이 두셨어요. 어디서 구해 오셨는지 까맣고 단단한 숯을 냉장고나 옷장 안에 넣어 두는 것은 물론, 멋진 수반에 장식품처럼 만들어서 화장대 위에도 두셨죠. 이사할 때도 버리지 않고 꼭 숯을 챙기시는 어머니에게 이렇게 말했던 기억이 있어요.

"엄마, 이것 좀 버려요. 숯은 뭐 하러 그렇게 챙겨요?"

"모르는 소리 마라. 숯이 공기를 정화하는 데는 최고지. 냄새도 없애 주고······."

어머니는 어린 저에게 숯의 장점에 관하여 요모조모 알려 주셨어요. 그건 아주 오래전부터 대대로 내려오던, 조상들의 지혜였지요.

'우와, 우리 조상들은 어떻게 이런 걸 척척 알아냈을까?'

생각해 보면 대대로 내려오는 우리 조상들의 지혜는 정말 많아요. 지금도 저는 소화가 잘 안 되면 소화제를 사 먹는 대신 오래 묵힌 매실청을 먹고, 몸이 안 좋으면 손바닥을 지압하고, 황토 가루로 얼굴 마사지도 한답니다.

언젠가 경상도 지방을 여행할 때 전통 가옥에서 하룻밤을 묵으며 깜짝 놀랐던 기억도 나네요. 황토로 만든 집에서 자고 일어나니 몸이 개운해서 신기할 정도였지요. 오래전부터 전해 내려오는 조상들의 지혜가 지금 우리 생활에 여전히 이용되고 있다는 건 참 놀라운 일이에요.

이 책에는 생활 곳곳에서 찾을 수 있는 조상들의 과학적 지혜가 담겨 있어요. 수많은 내용 중에서 여섯 가지만 고르는 건 무척 어려운 일이었지요.

'발효 음식에 대해서도 알려 줘야 하는데……. 농사짓는 일에도 엄청난 과학 원리가 들어 있는데…….'

알리고 싶고 소개하고 싶은 우리 조상들의 지혜는 정말 굉장히 많아요. 한마디로 먹고 자고 노는, 삶의 모든 것이 과학이었지요. 옛 조상들의 생활 구석구석마다 놀랄 만한 과학 원리와 지혜가 담겨 있었어요.

도도히 전해 내려오는 전통 덕분에 우리는 지금 편하고 안전하게 살고 있는지도 몰라요. 그러니까 옛것이라고 등한시하지 말고 조상들의 지혜에 귀를 기울여야겠죠.

여러분이 이 책을 읽으면서 전통 과학에 호기심을 갖고, 또 어떤 것들이 있을지 더 찾아보는 계기가 되었으면 좋겠어요. 그리고 여러분 중에서 사라져 가는 전통 과학을 멋지게 되살려 낼 사람이 나타난다면! 그건 정말 멋진 일일 거예요.

저는 근사한 상상을 하면서 이 글을 맺겠습니다. 여러분, 부디 호기심 어린 마음으로 첫 장을 읽어 주시기 바랍니다.

2014년 12월

윤희정

차례

첫 번째 이야기

에헴, 동장군아 물렀거라! … 8

세계가 깜짝 놀란 과학적인 난방법 – 온돌

두 번째 이야기

우리 집 장맛이 최고야! … 24

건강을 지켜 주는 전통 발효 음식 – 된장

세 번째 이야기

어라, 종이가 숨을 쉰다고? … 40

천년을 살아 숨 쉬는 질긴 종이 – 한지

네 번째 이야기

숯이 우물에 풍덩! ⋯ 54

자연에서 얻은 만능 청정제 – **숯**

다섯 번째 이야기

알록달록~ 오묘한 색의 마술 ⋯ 68

놀라운 색의 예술 – **전통 염색**

여섯 번째 이야기

뚝딱! 흙으로 만든 만병통치약 ⋯ 82

한없이 이로운 흙 – **황토**

첫 번째 이야기

에헴,
동장군아 물렀거라!

"진구야, 너도 어여 형 따라나서!"

"싫어요! 산에 가면 뱀 있단 말이야!"

진구는 가기 싫어 몸을 배배 꼬며 투덜거렸어요.

"요 녀석아, 겨울인데 뱀이 어디 있니? 뱀은 벌써 겨울잠 자러 갔는데!"

'에이, 다른 핑계를 댈걸…….'

결국 진구는 엄마한테 꿀밤을 한 대 맞았지요. 형은 쌤통이다 싶은지 혀를 쏙 내밀며 약을 올렸어요.

"같이 가면 형 혼자 심심하지도 않고 얼마나 좋아."

진구는 투덜대며 형을 따라갔어요.

"나무하는 게 그렇게 싫어?"

"그럼 형은 오들오들 떨면서 나무하는 게 좋아?"

"힘이야 들지만, 헛간에 나무가 가득 쌓여 있으면 기분 좋잖아."

"쳇!"

진구는 입을 삐죽 내밀었지만, 사실 맞는 말이에요.

나무는 아궁이를 지피는 땔감으로 쓸 거예요. 아궁이에 불을 지피면 방바닥 밑이 데워져서 온 가족이 겨우내 따뜻하게 지낼 수 있지요. 올 겨울은 특히 동장군 기승이 엄청날 거라고들 해요.

"헛간에 땔감을 쌓아 두니 쌀독에 쌀이 가득한 것처럼 배부르네."

할머니는 늘 이렇게 말씀하시곤 했어요.

"넌 돌아다니면서 젖은 건 말고 마른 나뭇가지 주워 와."

"여기 모아 놓으면 되지?"

산에 오른 진구는 형을 따라 열심히 나무를 주웠어요. 움직일 때마다 바스락바스락 바짝 마른 낙엽 소리가 났지요.

얼마 지나지 않아 나뭇가지는 진구 키만큼 쌓였어요. 어느새 진구 이마에는 송골송골 땀방울이 맺혔어요.

"이 정도면 충분하겠다. 오늘은 이만큼만 하자."

형은 지게에 나무를 잔뜩 실었어요. 진구는 나뭇가지 몇 개 달랑 품에 안고 형을 따라나섰어요.

"으으…… 발 시려. 빨리 아랫목에 눕고 싶다. 형, 누가 빨리 집에 가나 내기할래?"

형은 크게 웃음을 터뜨렸어요.

"야, 그건 너무 불공평하잖아!"

형은 지게를 지고 있어서 빨리 뛸 수 없거든요.

"형, 나 뛴다!"

진구는 형 말을 들은 척 만 척 엉거주춤 뛰기 시작했어요. 그 모습

을 본 형은 피식 웃었지요. 어느새 땅거미가 어둑어둑 내리기 시작했어요.

진구는 집에 오자마자 엄마한테 또 혼이 났어요.

"요 녀석아! 어른들 밥그릇을 엎으면 어떡해?"

진구는 춥다고 정신없이 아랫목으로 뛰어들었지요. 그러다 그만 아랫목 이불 속에 넣어 둔 밥그릇을 죄다 엎어 버린 거예요.

진구는 울상을 지었어요.

'아, 이게 도대체 몇 번째야…….'

아랫목은 불을 때면 가장 따뜻한 곳이에요. 아궁이랑 가까워서 아주 뜨끈뜨끈하지요. 그래서 이곳에 밥그릇을 두고 이불로 덮어 놓으면 잘 식지 않는답니다.

하지만 진구는 번번이 그 사실을 잊어버리곤 했어요. 조심성 없이 아랫목에 뛰어들다 이렇게 그릇을 엎은 적이 한두 번이 아니에요.

"에휴, 내가 속상해서 못 살아."

엄마가 엎어진 밥을 다시 퍼 담으며 한숨을 내쉬었어요.

"이불을 덮어 놓으니까 안 보이잖아요!"

진구는 토라져서 밖으로 나갔어요.

'쳇, 오늘 저녁 안 먹을 거야.'

진구는 눈물을 훔치며 마을 언덕으로 올라갔어요. 하지만 이내 후회하고 말았지요. 친구들은 모두 집으로 돌아가고 없었어요. 집집마다 굴뚝에는 하얀 연기가 피어오르고 있었어요. 굴뚝은 아궁이에 불을 지피면 연기가 빠져나가는 곳이에요.

'모두 뜨끈뜨끈한 방에 둘러앉아 맛있는 저녁을 먹고 있겠네…….'

그때 진구의 뱃속에서 꼬르륵 소리가 났어요. 가족들이 자기를 금방 찾으러 올 줄 알았는데 찾는 소리는 들리지 않았어요. 슬프고 속이 상했어요.

'나는 만날 혼만 나…….'

저녁 공기가 점점 쌀쌀해졌어요. 진구는 추워서 오들오들 떨었어요. 배도 고프고 추우니까 눈물이 핑 돌았어요. 그러다 진구는 그만 깜박 잠이 들었어요.

"진구야, 저녁 안 먹고 계속 잘 거야?"

"허허, 녀석 엄청 피곤했던 모양이야. 초저녁부터 잘도 자네."

어디선가 형과 할머니의 목소리가 들려왔어요.

진구는 그 소리에 천천히 눈을 떴어요. 둘러보니 방 안이었어요. 따뜻한 아랫목의 온기가 느껴졌지요.

"어…… 어떻게 된 거예요?"

"네가 언덕에 쓰러져 잠이 든 걸 형이 업고 왔지."

"야단맞았다고 그렇게 도망가면 어떡해?"

진구는 머쓱해서 슬쩍 미소를 지었어요.

"아, 따뜻하니 좋다."

아랫목에 누워 있으니 언덕 위에서 오들오들 떨던 기억이 싹 달아났어요.

"자, 이제 밥 먹어야지. 네 밥은 이렇게 따로 두었단다."

아랫목에는 진구의 밥이 따뜻하게 놓여 있었어요. 그뿐이 아니에요. 할머니는 화로에 진구가 제일 좋아하는 밤도 구워 놓으셨어요.

"우와, 신 난다!"

그런데 엄마가 보이지 않았어요.

"엄마는요?"

"너 병날까 봐 아궁이에 계속 불을 지피고 있단다."

진구는 부엌으로 가 보았어요. 엄마가 아궁이에 불을 때고 계셨어요. 연기 때문에 눈이 매운지 연신 눈을 비비면서 말이에요.

"진구, 일어났니? 방 춥지는 않지?"

엄마는 방이 조금이라도 식으면 진구가 추울까 봐 계속 불을 지피고 계셨던 거예요.

"엄마, 미안해요. 다시는 안 그럴게요."

진구는 엄마 목을 끌어안았어요.

그날 밤, 온 가족이 화롯가에 둘러앉아 오늘 있었던 이야기를 나누었어요. 늦게 들어오신 아버지는 진구 이야기에 허허 웃으셨어요.

그런데 갑자기 진구가 펄쩍 일어나 소리쳤어요.

"앗, 뜨거워!"

엄마가 진구 걱정에 불을 너무 많이 때셨나 봐요. 아랫목이 뜨거워서 진구는 엉덩이가 익을 뻔했답니다. 그 모습에 모두 까르르 배꼽을 잡고 웃었어요. 밖에서 졸던 백구는 웃음소리에 잠이 깨 멍멍 짖었어요. 진구네 가족의 웃음소리와 개 짖는 소리가 정겹게 담장을 넘어 울려 퍼졌어요.

세계가 깜짝 놀란 과학적인 난방법

온돌

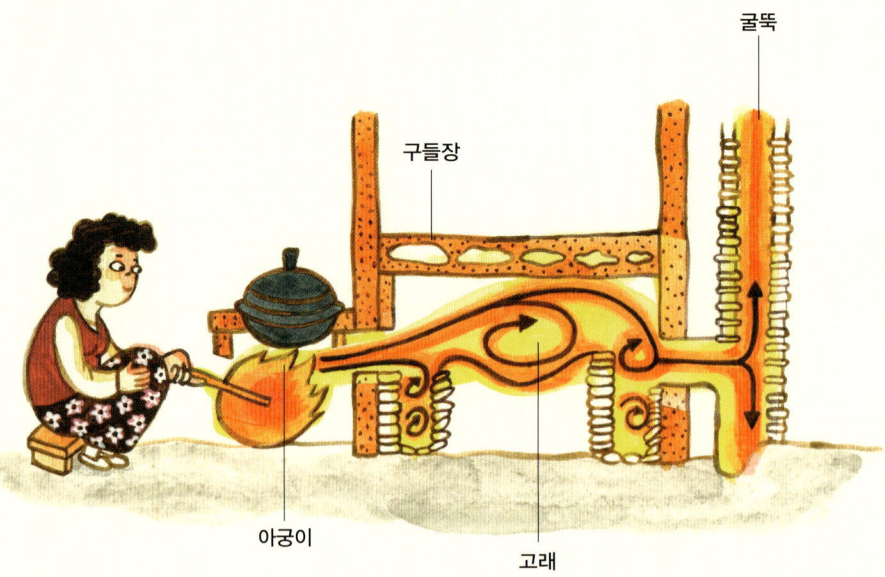

　날씨가 추워지면 방 안을 따뜻하게 하는 일이 중요해요. 대부분의 나라가 방 안에 난로를 갖다 놓고 공기를 데우는 난방 방식을 취한답니다. 하지만 우리나라는 아주 독특하게 난방을 해요. 바로 방바닥을 데워서 집 안을 따뜻하게 하는 방식이지요.

　이런 방식을 '온돌'이라고 하는데, 흔히 '구들'이라고도 불러요. 구들은 '구운 돌'이라는 뜻이에요. 방바닥에 구들을 깔아서 그 돌을 뜨겁게 달구는 방식이 온돌인 거예요.

　방바닥을 데우는 방식은 직접 몸을 따뜻하게 할 수 있어 혈액 순환에 좋고, 실내 공기를 탁하게 하지 않아 매우 과학적인 난방법이에요.

일반적으로 우리 조상들은 삼국 시대 이전부터 온돌을 사용했다고 해요. 옛 문헌과 벽화를 보면 구들을 깔아 난방을 했던 모습들을 쉽게 찾아볼 수 있지요.

온돌은 주로 추운 북부 지방에서 발견되었어요. 문물의 교류가 활발해지면서 남쪽 지방으로 전해져 고려와 조선 시대를 거쳐 오늘날까지 이어진 것이지요.

▲ 온돌을 갖춘, 우리나라의 전통 부엌

이렇게나 과학적인 온돌의 구조를 간단히 알아볼까요? 조상들은 집을 지을 때 부엌에 아궁이를 만들고 방바닥 아래에 구들을 놓았어요. 아궁이 반대쪽에는 연기가 나가도록 굴뚝을 만들었죠. 그러면 아궁이에서 땐 불기운이 안으로 들어가 방바닥을 데우고, 식은 열기는 굴뚝으로 빠져나가게 된답니다.

또한 열이 순식간에 지나가지 않고 방바닥 아래 오래 머물도록 구들장 밑에 '고래'라는 공간을 만들었어요. 그리고 아궁이에서 가까운 아랫목 구들장은 두껍게 윗목은 얇게 만들어 방 전체에 열이 고루 퍼지게 했죠. 이런 점들을 보면 우리 조상들이 불을 다루는 데 있어서 얼마나 뛰어난 전문가였는지 잘 알 수 있지요.

온돌은 음식을 조리하면서 난방도 할 수 있기 때문에 에너지를 사용하는 면에서도 아주 효과적이에요. 게다가 온돌은 천천히 데워지고 천천히 식는 성질을 갖고 있어요. 그래서 여름에는 아주 시원하고, 겨울에는 더없이 따뜻하답니다.

우리의 온돌 방식이 널리 알려지자, 그 우수성에 놀란 세계인들도 이 기술을 받아들여 주택에 적용하고 있어요. 그만큼 온돌은 세계가 인정하는 뛰어난 전통 과학이랍니다.

두 번째 이야기

우리 집
장맛이 최고야!

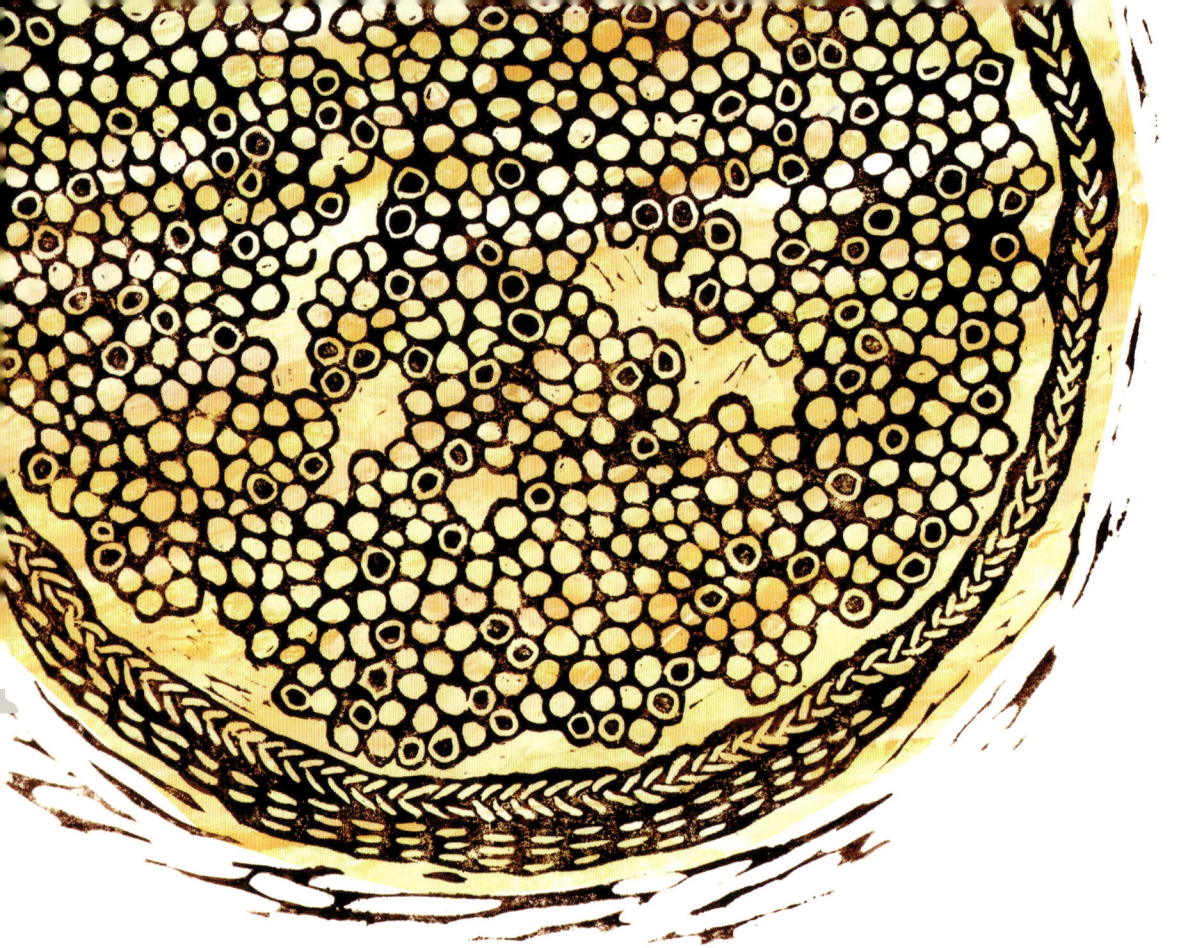

"좌르르 좌르르……."

어디선가 이상한 소리가 들렸어요. 언뜻 들으면 빗소리 같기도 했어요.

순돌이는 멀뚱히 하늘을 올려다보았어요. 하늘은 구름 한 점 없이 맑고 파랬어요.

'이게 무슨 소리지?'

소리 나는 곳으로 달려가 보니, 할머니가 키질을 하고 계셨어요.

한쪽에는 가을에 수확한 콩이 멍석에 잔뜩 쌓여 있었지요.

"할머니! 뭐 하시는 거예요?"

"메주에 쓸 좋은 콩을 고르고 있지. 곧 메주를 쒀야 하거든."

순돌이는 콩을 보니 픔 웃음이 터졌어요. 한창 콩이 익을 무렵 친구 동이와 콩 서리를 했던 기억이 났어요. 동이가 콩대를 구워 먹다 입술을 홀라당 데는 바람에 순돌이 혼자 냠냠 맛있게 먹었지요.

"할머니, 오늘 메수 쑤면 삶은 콩 좀 먹어노 돼요?"

"우리 손자, 콩이 그렇게 좋아?"

"동이도 불러도 되죠?"

"우리 손자는 인정스럽기도 하지. 그래, 동이도 부르렴."

순돌이는 신이 나서 동이네로 달려갔어요.

드디어 메주 만들기가 시작되었어요. 된장을 만들려면 콩을 삶아 먼저 메주를 쒀야 한대요.

엄마가 커다란 가마솥에 불을 때고 콩을 삶기 시작했어요. 뚜껑을 열어 커다란 주걱으로 휘휘 저으니 구수한 냄새가 코끝으로 확 전해졌어요.

구경하던 순돌이와 동이는 침을 꼴깍 삼켰어요.

'에이, 더는 못 참겠다!'

순돌이와 동이는 뒤춤에 숨겨 둔 바가지로 콩을 한 움큼 퍼서는 도망치기 시작했어요.

"요 녀석들아, 거기 안 서! 어른들이 주실 때까지 기다려야지!"

뒤에서 엄마의 고함 소리가 들렸어요.

하지만 순돌이와 동이는 후다닥 뒷간으로 숨어들었지요.

"얼른 먹고 보자!"

순돌이와 동이는 따끈한 콩을 입안으로 한 움큼 집어넣었어요.

"앗, 뜨거워!"

너무 뜨거운 바람에 그만 순돌이가 콩 바가지를 엎어 버렸지요.

"아이, 어떡해!"

결국 콩 맛은 보지도 못하고 순돌이와 동이는 귓불을 잡힌 채 어른들에게 끌려갔어요.

"메주 쑤는 게 얼마나 중요한 일인데 아까운 콩을 그렇게 다 쏟아 버려! 이런 고얀 놈들!"

순돌이와 동이는 콩을 쏟은 벌로 절구를 찧게 되었어요.

"엄마 팔 아프니까 대신 찧어 봐."

삶은 콩은 절구에 넣고 찧어야 한답니다. 순돌이와 동이는 제 키만 한 절구 방망이를 들고 쿵쿵 삶은 콩을 찧었어요. 방망이를 번쩍 들어

올릴 때마다 윗도리가 쑥 올라가서 순돌이의 배꼽이 다 보였어요. 동이는 힘껏 내리칠 때마다 바지춤이 조금씩 내려가 엉덩이가 다 드러났지요. 그 모양이 어찌나 웃긴지 구경 온 동네 어르신들은 모두 크게 웃음을 터뜨렸어요.

절구질은 정말 힘들었어요. 어른들은 나중에야 용서하시며 삶은 콩을 그릇에 담아 주셨어요.

찧은 콩으로 할머니와 엄마는 열심히 메주를 만드셨어요. 네모나게 빚은 다음 지푸라기로 잘 엮었죠. 그리고는 공기가 잘 통하는 처마 밑에 주렁주렁 매달았어요.

"이렇게 해서 메주를 잘 말려야 한단다."

순돌이는 할머니께 물었어요.

"할머니, 그럼 된장은 도대체 언제 만드는 거예요?"

"된장은 집안의 음식 맛과 건강을 책임지는 먹거리지. 오랜 기간 정성을 들여야 깊은 맛이 나는 거야."

메주는 바람결에 조금씩 마르면서 크기가 줄어들었어요.

그런데 이상했어요. 할머니는 말린 메주를 따뜻한 아랫목에 두었어요.

"할머니, 왜 이렇게 하는 거예요?"

"이렇게 따뜻한 곳에서 메주를 띄워야 몸에 좋은 장으로 발효가 된단다."

그러던 어느 날이었어요.

"으으, 냄새!"

순돌이는 하도 쿰쿰한 냄새가 나서 아랫목의 메주를 살펴보고는 깜짝 놀랐어요. 세상에, 메주에 허연 곰팡이가 막 피어 있는 게 아니겠어요?

'으으, 어떡해! 할머니와 어머니가 힘들게 만든 메주가 썩어 버렸어!'

순돌이는 걱정이 되어 메주에 낀 곰팡이를 떼기 시작했어요.

'어른들 오시기 전에 얼른 곰팡이를 없애고 칭찬받아야지!'

그때였어요.

"아이고머니! 순돌아, 너 뭐 하는 거니!"

장에 갔다가 막 돌아오신 할머니는 얼른 순돌이 손을 잡았어요. 순돌이는 울상을 지으며 침착하게 말했어요.

"할머니…… 놀라지 마세요. 우리 집 메주가 썩어 버렸어요!"

그러자 엄마와 할머니는 웃음을 터뜨리셨어요.

"하하, 이렇게 곰팡이가 피고 쿰쿰한 냄새가 나야 좋은 메주란다!"

"예? 곰팡이가 피어야 좋다고요?"

"요 곰팡이들은 몸에 아주 좋은 거야. 우리 가족의 한 해 건강을 책

임진단다. 너 전에 배탈 났을 때 물에 된장 풀어 먹고 나은 거 기억 안 나? 그게 다 요 곰팡이 덕분이야."

순돌이는 할머니 말씀을 듣고 안도의 한숨을 내쉬었어요.

'휴, 다행이다. 하마터면 잘 익은 메주를 내가 다 망칠 뻔했네.'

메주가 변해 가는 동안 해도 바뀌고, 어느덧 새해 1월이 되었지요.

"보름 지나 첫 번째 말 날짜에 장을 담그는 게 좋겠다. 손 없는 날이기노 하고."

할머니와 엄마는 장 담그는 날을 신중하게 잡으셨어요. 날이 정해진 뒤로는 몸가짐도 조신하셨지요.

순돌이는 아침 일찍 일어나 장 담그는 모습을 지켜보았어요. 깨끗하게 목욕을 하신 할머니와 엄마는 메주를 잘 씻어 항아리에 담고 소금물을 부으셨어요. 그 과정은 마치 중대한 의식을 치르는 것처럼 차분했어요.

장을 담근 다음엔 새끼에 붉은 고추, 숯, 한지, 사철나무 등을 꽂아 장독 주둥이에 감았어요. 장독 배 부분에는 버선본을 거꾸로 붙여 두었고요. 이렇게 해야 나쁜 기운을 막고, 밑에서 올라오는 벌레를 막아 된장 맛이 좋아진대요.

'도대체 된장은 언제 만들어지는 거야?'

순돌이는 소금물에 담근 메주 덩어리가 어떻게 된장이 되는지 이해가 되지 않았어요. 그 후, 두 달 정도 시간이 흐르고서야 알게 되었어요.

할머니와 엄마는 그것을 체에 거르는 작업을 했어요. 체에 걸러 나온 건더기가 된장이 되고, 남은 물을 달이면 맛있는 간장이 되는 거였답니다.

"순돌아, 우리 집 장맛 좀 볼래?"

순돌이는 날된장을 콕 찍어 먹어 보았어요.

"헤헤, 우리 집 장맛은 정말 최고야!"

오늘따라 장맛이 다르게 느껴졌어요. 밭에서 수확한 콩이 이렇게 긴 시간을 거쳐 된장이 된다는 걸 처음으로 깨달았거든요!

건강을 지켜 주는 전통 발효 음식
된장

　김치와 된장은 우리 조상들의 밥상에 빠지지 않았던 대표 발효 식품이에요. 이 가운데 된장은 역사가 가장 오래된 발효 식품이랍니다.
　우리 조상들은 쌀을 주식으로 했기에 평소 단백질이 많이 부족했어요. 지금처럼 고기를 풍족하게 먹을 수는 없었지요. 그래서 부족한 단백질을 채우기 위해 하얀 콩으로 된장을 만들어 먹었어요. 만주와 한반도 지역에서 흔히 재배되던 콩에는 다른 콩보다 단백질이 아주 많이 들어 있답니다. 이를 안 조상들은 사계절 내내 콩을 먹기 위해 장을 만든 거예요.
　중국의 《삼국지 위지 동이전》에 보면 고구려인들이 발효 식품을 잘 만들었다는 문장이 있어요. 《신당서》(당나라가 건국되고 멸망하기까지의 역사를 기록한 책. 송나라의 구양수 등이 썼다.)에는 발해의 명산물이 메주였다는 기록도 있고요. 이처럼 우리 민족이 만든 된장은 오랜 역사를 자랑한답니다.

　"되는 집안은 장맛도 달다."
　"장맛이 변하면 집안에 흉한 일이 생긴다."

옛 속담에는 이렇게 장과 관련된 것이 많아요. 그만큼 장을 담그는 일은 집안의 아주 큰 행사였답니다. 그래서 집안의 여자들은 온 정성을 다해 장을 만들었지요.

된장을 만드는 과정은 간단하지가 않아요. 그런데 그 만드는 과정에 아주 놀라운 과학의 원리가 숨어 있답니다.

우리 조상들은 메주를 만든 다음 짚으로 엮어 처마에 매달았어요. 짚은 그냥 메주를 묶기 위해 사용한 게 아니에요. 짚에는 '고초균'이라는 균이 있어요. 이 균은 메주에 흰 곰팡이를 잘 피게 해 주고, 소화가 잘 안 되는 단백질을 소화가 잘 되는 성분으로 바꾸어 준답니다.

▲ 메주를 소금물에 담가 발효시킨 간장

또한 메주를 소금물에 담글 때는 숯을 같이 넣어요. 숯은 자연 발효 중에 생길 수 있는 나쁜 독소나 냄새를 없애 주는 역할을 하지요.

이렇게 만들어진 된장은 음식에 다양하게 활용되었어요. 변변한 약이 없던 옛날에는 만병통치약으로 사용되기도 했고요. 우리 조상들은 배탈이 나거나 다치면 된장을 풀어 마셨어요. 된장이 몸의 독소를 빼 주는 데 효험이 있었던 거예요.

오늘날에도 된장은 각종 질병 치료에 효능이 뛰어나다고 알려져 있어요. 특히 '이소플라본'이라는 성분은 암을 예방해 주고, '레시틴'이라는 성분은 뇌 기능을 활발하게 해 치매에 도움을 주며 기억력을 높여 준다고 해요. 이외에도 변비를 없애 주고, 혈압을 낮추는 등 된장은 몸에 좋은 성분으로 가득하답니다. 이 때문에 된장은 훌륭한 장수 식품으로 알려져 있어요.

세 번째 이야기

어라,
종이가 숨을 쉰다고?

　벽란도항은 중국, 아라비아 등 먼 데서 온 외국 상인들로 북적거렸어요. 돌이는 알아들을 수 없는 외국어와 진귀한 물건들에 눈이 휘둥그레졌어요.

　"와, 아버지 정말 대단해요!"

　돌이는 길을 잃을까 봐 아버지 손을 꼭 잡았어요. 아버지는 돌이가 커서 상인이 되길 바랐어요. 그래서 돌이를 큰 국제 항구에 데리고 온 거랍니다.

　그때 어디선가 이런 소리가 들렸어요.

　"고려 종이 최고, 최고!"

　소리가 나는 곳으로 가 보니 중국 상인들이 종이를 흥정하고 있었어요.

　"아버지, 우리나라 종이가 인기가 많네요?"

　"돌아, 종이가 처음 만들어진 곳은 중국이란다. 그런데 중국이 오히려 우리나라 종이를 사 가는 게 놀랍지 않니?"

돌이는 우리나라 종이가 그 정도로 대단한 줄은 몰랐어요. 삼촌이 종이 만드는 일을 하지만, 사실 관심이 없었죠.

"우리나라 종이는 단단하고 질겨서 비단 같다는 소릴 듣는단다."

중국 상인들은 종이를 요리조리 살피고는 감탄을 금치 못했어요.

"이 빛나는 광택을 봐. 희기는 또 얼마나 흰지."

돌이는 그날 외국 선박에 고려 종이가 가득 실리는 걸 보았어요.

"아버지, 삼촌이 만드는 종이가 저렇게 대단한 거였어요?"

아버지는 돌이의 물음에 허허 웃었지요.

"그럼. 고려 종이 하면 다른 나라에서 최고로 쳐 준다니까."

다음 날, 돌이는 당장 삼촌을 찾아갔어요.

"삼촌, 나 어제 아버지 따라 항구 구경을 했어요. 거기서 고려 종이가 엄청 비싸게 팔리는 걸 보고 깜짝 놀랐다니까요!"

돌이의 말에 삼촌이 어깨를 으쓱하며 대답했어요.

"그걸 이제 알았냐! 전에 삼촌이 종이 만드는 거 구경시켜 준다 할 때는 콧방귀만 뀌더니!"

"그런데 삼촌, 우리나라 종이가 왜 그렇게 인기가 많아요? 무슨 다른 비법이라도 있어요?"

돌이가 묻자 삼촌은 돌이를 종이 만드는 곳으로 데려갔어요.

"네가 이 기술을 배우고 싶다면 가르쳐 주마."

하지만 돌이는 눈앞에 있는 종이들을 보자 엉뚱한 생각이 들고 말았어요.

'저 종이들을 몰래 가져다 팔면 큰돈이 생기겠지?'

돌이는 삼촌 몰래 종이 몇 장을 슬쩍 갖고 갈 계획을 세웠어요.

'종이 한 폭만 팔아도 예쁜 아라비아 장신구를 살 수 있을 거야.'

돌이는 요즘 좋아하는 사람이 생겼답니다. 같은 동네에 사는 무영 아씨예요. 삼촌의 말은 더 이상 돌이의 귀에 들어오지 않았어요. 어떻게든 저 종이를 몇 장 빼내 장신구랑 바꿀 생각만 했지요.

이윽고 밤이 되었어요.

돌이는 몰래 종이 만드는 곳으로 갔어요. 그런데 그저 어리둥절하기만 했어요. 여기저기 종이가 널려 있는데, 도무지 어느 걸 가져가야 할지 알 수가 있어야죠.

'어떤 게 다 된 종이인 거지? 에라, 모르겠다!'

돌이는 틀에 잘 말라 있는 종이를 살짝 떼어 냈어요. 몇 장을 떼어 내던 참이었어요.

"요 도둑고양이 같은 놈, 잡았다!"

돌이는 누군가에게 목덜미를 꽉 잡히고 말았어요. 고개를 돌려 보니 삼촌이었어요.

"사…… 삼촌……. 잘못했어요. 사실 그러려고 그런 게 아닌데……."

돌이의 얘기를 들은 삼촌은 껄껄 웃었어요.

"지금 네가 떼어 낸 종이는 아직 완성된 게 아니야. 종이 한 장을 만들기 위해 얼마나 많은 수고가 필요한 줄 알아? 닥나무를 삶고 또 삶고, 그렇게 삶아서 말린 종이들을 모아서 다시 두드려야 한다고!"

삼촌은 돌이에게 꿀밤을 먹이고는 무영 아씨와 친해질 방법을 알려 주었어요.

"여자들은 아주 작은 것에도 감동받는 법이야. 삼촌이 장신구보다 더 멋진 방법을 알려 줄까?"

"그게 뭔데요?"

삼촌은 비단처럼 고운 종이를 달빛에 보여 주며 말했어요.

"네가 직접 만든 종이에 편지를 적어 보내는 거다. 어때, 참 낭만적이지?"

"뭐라고요? 에이, 차라리 그냥 벌을 주세요!"

"이런 종이를 아무나 가질 수 있는 줄 아니? 중국 학자들이 탐내는 종이라고!"

삼촌의 말에 돌이는 마침내 마음이 흔들렸어요.

돌이는 다음 날부터 종이 만드는 일을 배웠지요.

"우선은 아저씨들 따라다니면서 닥나무 채취하는 법부터 배워라."

'좋아. 이왕 이렇게 된 거 내 손으로 한번 만들어 보는 거야!'

돌이는 열심히 아저씨들을 따라다녔어요.

"추운 날 서리 맞은 닥나무가 최고 좋은 한지로 태어나는 법이지."

닥나무 채취하는 일부터 보통 까다로운 게 아니었어요.

"이 닥나무를 다시 찬물에 불렸다가 껍질을 벗겨 내야 해."

"검은 겉껍질을 벗긴 다음에는 잿물을 만들어 거기에 넣고 푹 삶아야 해."

돌이는 너무 힘이 들어서 하루에도 열두 번은 그만두고 싶은 마음이 들었어요.

'에이, 안 해! 안 해! 종이 한 장 만드는 데 무슨 공이 이렇게 많이 들어?'

물 먹은 종이를 모아 다시 두드릴 땐 정말 팔이 너무 아팠어요. 하지만 그렇게 많은 과정을 거쳐 종이 한 장이 만들어지는 걸 보자 뭉클했어요.

'이렇게 정성을 다하니까 다른 나라에서도 우리 종이를 최고로 치는구나.'

돌이는 처음으로 삼촌이 하는 일이 멋있어 보였어요.

"자, 받아. 이건 네가 땀 흘려 만든 종이야."

드디어 돌이가 만든 종이가 완성되었어요. 삼촌이 건넨 종이는 반질반질한 게 정말로 비단 같았어요.

돌이는 종이에 서툰 글씨로 편지를 썼어요. 먹물이 종이 위에 퍼지면서 돌이의 마음도 은은히 퍼져 나갔어요.

그런데 편지는 곧바로 전해 주지 못했어요. 종이의 세계를 알고 나니 욕심이 또 생겼지 뭐예요?

종이는 워낙 질겨서 그걸로 갑옷도 만들고, 우산도 만들고, 등도 만들고, 아기자기한 함도 만든답니다.

'무영 아씨한테 종이로 우산을 만들어 줄 거야.'

그래서 돌이는 오늘도 땀을 뻘뻘 흘리며 닥나무 껍질을 삶고 있답니다.

천년을 살아 숨 쉬는 질긴 종이
한지

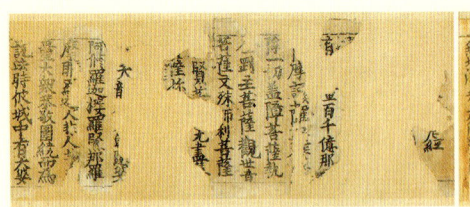
▲ 무구 정광 대다라니경

    1966년, 불국사 석가탑을 보수하기 위해 해체하다가 '무구 정광 대다라니경'이 발견되었을 때 전 세계가 깜짝 놀랐어요. 무구 정광 대다라니경은 비단보에 싸여 있었는데, 1200년이 넘는 세월 동안 보존이 매우 잘 돼 있었지요.
    보통 종이는 몇 십 년만 지나도 색이 변색되고 부스러져 사라지기 십상이에요. 그런데 어떻게 종이에 인쇄된 문서가 1200년이 넘도록 보존될 수 있었을까요? 사람들은 우리나라 종이, 즉 한지의 우수성에 놀라움을 금치 못했어요.
    종이가 처음 만들어진 곳은 중국이에요. 그런데 삼국 시대 때부터 이미 우리나라 종이는 중국이나 일본에서 인기가 높았어요. 중국에서 전래된 제지술에 새로운 기술들을 도입한 우리나라 종이의 품질이 뛰어났기 때문이에요. 신라의 종이는 '백추지'라 하여 종이가 희고 질겼으며, 고려 시대의 '고려지'는 비단과 같다는 소리를

들을 만큼 최고의 무역 상품으로 떠올랐지요. 그렇다면 우리나라 종이는 다른 나라 종이와 어떤 차이가 있었던 걸까요?

  종이는 보통 닥나무로 만들어요. 닥나무는 섬유가 질긴 식물인데, 특히 우리나라 닥나무의 섬유가 질기기로 유명하답니다. 나무껍질로 종이를 만들려면 이 엉긴 섬유를 잘 풀어야 하는데, 중국은 닥나무를 갈아서 만드는 반면 우리나라는 손으로 두드려서 만들었어요. 손으로 두드려서 만드는 방법은 섬유 사이의 구멍을 메워서 면을 고르게 하고, 종이를 광택 있게 만들 수 있어 효과적이었어요.

  종이를 만드는 일은 간단하지 않아요. 먼저 닥나무를 가마솥에 넣고 쪄서 껍질을 벗긴 다음, 이를 다시 말리고 물에 불린 뒤 석회와 재를 넣고 끓여야 해요. 이렇게 해서 섬유가 충분히 풀어지고 나면, 틀에 떠서 잘 말려 종이를 만들었지요.

  하지만 이게 끝이 아니에요. 이렇게 틀에 뜬 종이를 쌓아 놓고 다시 큰 망치로 수백 번 두드려야 해요. 그렇게 해서 압축된 종이를 그늘에서 말린 뒤에도 몇 장씩 겹쳐 놓고 일일이 손으로 두드렸어요.

  이처럼 종이 한 장을 만들기 위해 엄청난 노력과 시간이 걸리니 종이가 섬유와 같을 정도로 질기고 광택이 있었답니다.

  한지는 단순히 글씨를 쓰고 그림을 그리는 종이로만 쓰인 게 아니에요. 한지는 그 쓰임새도 무척 다양했어요. 오래 보관해도 쉽게 변하지 않고 벌레 먹지 않아 황지나 아청지 등은 불경을 펴내는 데 쓰였어요. 군인들이 싸움터에서 치는 천막이나 갑옷으로도 만들어졌어요. 그 밖에도 부채, 우산, 등, 함 등 여러 생활용품에 사용되었답니다.

  특히 한지는 건축에도 널리 쓰였어요. 지금도 벽이나 창에 바르는 창호지는 널리 사용되고 있는데요, 창호지는 습도 조절과 환기 기능이 뛰어나기 때문이에요.

▲ 한지로 만든 공예품, 함

네 번째 이야기

숯이
우물에 풍덩!

"이 숯은 정말 끝내준다니까. 내 두 푼 깎아 줄 테니 사 가시오."

숯장수는 이만 한 숯이 없다며 큰소리를 쳤어요. 민수는 숯을 들고는 요리조리 살펴보았어요.

"에이, 은빛이 돌지도 않고 검댕이가 이렇게 묻어나는 게 좋은 숯은 아니네요."

'어린 녀석이 숯에 대해 제법 아는걸?'

민수 말에 숯장수는 찍소리도 하지 못했어요.

민수는 다시 장터를 휘휘 둘러보았어요. 그러다 드디어 좋은 숯을 발견했어요.

"이거야, 이거! 빛깔이 좋고 탄탄한 것이 아버지가 일러 주신 그대로예요!"

"숯을 좀 아시네! 이 숯은 내가 직접 구워 내 이름을 걸고 파는 거랍니다."

숯장수는 일부러 바닥에 숯을 떨어뜨렸어요.

"봐요. 소리도 아주 명쾌하죠? 이 장터에서 내 숯은 다 알아줘요."

마침내 민수는 숯을 한 꾸러미 사서 집으로 돌아갔어요.

'저번에는 숯을 잘못 사서 혼이 났는데, 요번 숯은 틀림없어.'

민수는 숯을 잘 산 것 같아 발걸음이 가벼웠어요.

특히 이번 숯은 금줄에도 쓰일 거라 더 신경을 썼지요.

민수가 마을에 들어서 우물가를 지나가던 참이었어요.

'어, 영이잖아?'

마침 친구 영이가 우물물을 긷고 있었어요. 그런데 어디가 아픈지 두레박을 들고는 낑낑대는 품이 영 어설펐지요.

"영이야, 잠깐만 그대로 있어! 내가 같이 올려 줄게!"

민수는 얼른 영이에게로 달려갔어요. 그런데 그때 골치 아픈 일이 일어나고야 말았어요. 민수가 지게 내려놓는 걸 깜박하고 두레박을 올리다 그만 숯덩이를 우물에 풍덩 빠뜨렸지 뭐예요.

"아이쿠, 어떡해!"

영이와 민수는 얼굴이 하얘졌어요.

"세상에, 마을 사람들이 마시는 우물에 숯을 빠뜨리다니……."

그때 그 광경을 본 동생 기동이가 깔깔 웃으며 놀렸어요.

"난 다 봤지롱! 민수 형이 숯을 우물에 빠뜨리는 거!"

민수는 주머니에서 엿을 꺼내 기동이에게 건네며 달랬어요.

"기동아, 이거 아무한테도 말하지 마! 알았지?"

민수는 얼른 기동이 손을 잡고 집으로 돌아왔어요.

아버지는 숯을 보더니 고개를 갸우뚱거렸어요.

"대체 숯을 얼마치 샀는데 요거밖에 안 돼?"

"아…… 그게…… 숯이 워낙 좋은 거라…….'

"속일 걸 속여라, 요놈! 대체 남은 돈은 어디다 쓴 거야?"

민수는 진땀이 났어요. 그보다 우물에 숯을 빠뜨린 게 더 걱정이 되었죠. 그때였어요.

할머니가 우물물을 길러 간다는 말에 기동이가 깜짝 놀라 엉겁결에 소리쳤어요.

"할머니, 우물물 먹으면 안 돼요! 지금쯤 물이 까매졌을 거예요!"

"응? 그게 무슨 소리야?"

민수가 기동이를 무섭게 노려보자, 기동이는 아차 싶었는지 혀를 쏙 내밀었어요.

'이제 난 죽었다…….'

민수는 결국 사실대로 고백했어요.

"사실은 할머니······."

민수의 이야기를 들은 어른들은 허허 웃기만 하셨어요. 큰 야단을 맞을 거라 생각했던 민수와 기동이는 서로 멀뚱히 얼굴만 바라보았지요.

'이게 어찌 된 일이지?'

벌벌 떨고 있는 민수 얼굴을 보며 할머니가 말씀해 주셨어요.

"민수야, 할미가 간장 담글 때 장독에 숯을 넣어 두지? 음식 창고에도 숯을 넣어 놓았고. 왜 먹는 음식에 숯을 넣어 놨을까?"

민수가 고개를 갸웃거리자, 아버지가 민수 엉덩이를 찰싹 치시며 말씀하셨어요.

"요 녀석아, 그만큼 숯이 사람 몸에 좋다는 거야."

아버지는 우물을 청소하러 나갈 채비를 하셨어요.

"늦둥이 태어난 기념으로 마을에 좋은 일을 하게 됐네. 그렇잖아도 우물을 청소할 때가 됐는데, 새 숯을 넣어 두면 물이 더 좋아지지."

'휴, 살았다.'

민수는 가슴을 쓸어내렸어요.

덕분에 마을 어른들이 모여 우물 청소를 하게 됐지요. 원래 일 년

에 한 번씩 이렇게 청소를 하신대요. 어른들은 우물물을 퍼내고, 숯을 잘 씻어 바닥에 깔았어요. 그리고 숯이 붕 뜨지 않게 그 위에 돌을 올려놓았어요. 이렇게 해야 더러운 물질들이 걸러진대요.

"늦둥이가 복덩이인가 봅니다. 태어나자마자 마을 우물 청소를 시키네요. 하하."

민수는 어른들이 우물 청소하는 모습을 내내 지켜보았어요. 자신이 빠뜨린 숯이 좋게 사용되니 어깨가 으쓱해졌지요.

그 모습을 옆에서 보던 영이도 빙그레 미소를 지었어요.

"다행이다. 나 때문에 네가 큰일 나는 줄 알았어."

민수와 영이는 천천히 발걸음을 돌려 집으로 향했어요.

민수네 집에 도착하자, 영이는 붉은 고추와 까만 숯이 걸린 금줄을 보며 말했어요.

"남동생이구나!"

"너처럼 예쁜 여동생이었으면 좋았을 텐데!"

그 말에 영이의 얼굴이 발그레해졌어요.

그때 담장 너머로 아기 울음소리가 들려왔어요. 마치 늦둥이 아기가 민수와 영이의 말을 듣기라도 한 것처럼 말이에요.

"늦둥이가 속상하대. 자기는 더 멋진 남동생이 될 거라는데?"

민수와 영이는 마주 보며 미소를 지었어요.

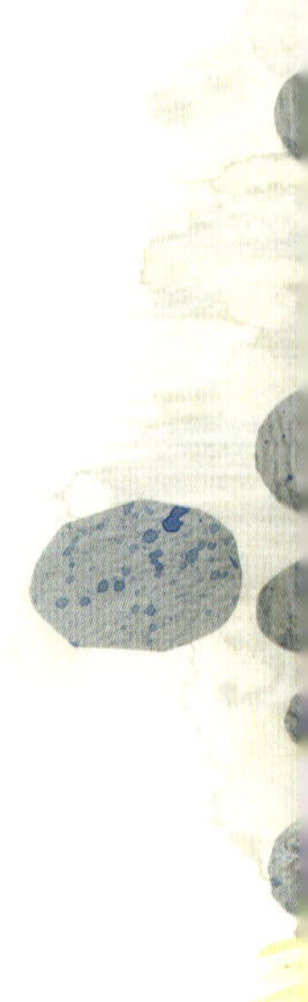

자연에서 얻은 만능 청정제
숯

　숯은 나무를 숯가마에 넣어 태워 만든 검은 덩어리예요. 그런데 이 불에 태운 나무토막은 아주 대단한 효능을 갖고 있답니다. 그래서 우리 조상들은 아주 옛날 구석기 시대부터 숯을 사용한 것으로 알려져 있어요. 조상들이 숯을 사용한 흔적은 곳간, 무덤, 절터, 우물, 집터 등 곳곳에서 발견되고 있어요. 도대체 숯은 어떻게 쓰인 걸까요?

　숯은 방부제 역할을 해요. 숯에는 아주 작은 구멍이 많은데, 이 구멍을 통해 다른 물질로부터 산소를 떼어 낸답니다. 이 때문에 물질이 쉽게 상하는 걸 막아 주지요. 그래서 옛 사람들은 음식을 쌓아 두는 곳간에 숯을 갖다 놓았어요. 오늘날로 따지면 냉장고 역할을 한 셈이죠. 우리 민족의 자랑스러운 문화유산인 팔만대장경이 지금까지 잘 보존될 수 있었던 데는 숯의 역할이 커요. 숯을 함께 두었기 때문에 나무가 부패하는 걸 늦출 수 있었죠.

　조상들은 한걸음 더 나아가 숯을 먹는 데까지 이용했어요. 숯의 구멍들이 각종 불순물을 걸러 낸다는 사실을 알고, 우물을 팔 때는 잘 씻은 숯을 바닥에 깔았어요. 이 숯은 지하에서 올라오는 물의 이물질을 걸러 주는 역할을 했어요. 오늘날의 정수기 역할을 한 셈이죠.

또한 장을 담글 때도 숯을 넣었어요. 숯이 나쁜 균을 없애고 이로운 미생물의 활동을 도와 장맛을 좋게 해 주기 때문이에요. 게다가 숯에는 미네랄이 풍부해서 된장이나 간장의 영양가를 높여 준답니다.

이렇게 이로운 숯은 현재까지도 다양하게 사용되고 있어요. 숯은 옆에 놓아두어도 전자파를 차단하는 기능이 뛰어나다고 해요. 그 밖에도 습도를 조절하는 제습기, 냄새를 제거하는 냄새 제거제, 공기 정화제 등에도 숯이 사용되고 있어요. 또한 체내 독성을 빨아들이고 염증을 제거할 수 있어 각종 침구류나 의약품에 꾸준히 쓰이고 있고요.

숯이 '새집 증후군'을 없애는 효능이 있다고 알려진 것도 이러한 기능 때문이에요. 숯은 페인트나 마감재 등에서 나오는 나쁜 화합물을 흡착하여 두통이나 피부염 등을 월등히 줄여 준답니다.

이처럼 만능에 가까운 기능 덕분에 숯은 고대로부터 지금까지 끊임없이 다양한 제품으로 개발되어 인기를 끌고 있답니다.

▲ 공기를 맑게 하고 장식도 할 수 있는 숯

다섯 번째 이야기

알록달록~
오묘한 색의 마술

'칫! 할아버지는 정말 너무해!'

상구는 방학이라 제주도 할아버지 댁에 놀러 왔어요. 그런데 오늘 아침 할아버지 말씀 한마디에 기분이 상했지 뭐예요.

"상구야, 이 감 먹으면 안 된다, 알았지?"

할아버지가 일하러 나가시면서 상구한테 이렇게 말씀하시는 게 아니겠어요?

'다른 할아버지들은 맛있는 거 있으면 손자 먼저 주신다는데…….'

상구는 감에 손도 못 대게 하는 할아버지가 미웠어요.

'저렇게 많은데 몇 개 집어 먹는다고 할아버지가 어떻게 알겠어?'

마당 뒤뜰에는 작은 감이 커다란 통에 잔뜩 쌓여 있었어요. 뒤뜰에는 마침 아무도 없었지요. 상구는 살금살금 감통으로 다가갔어요. 그러고는 그 가운데 제일 큰 것을 골라 옷에 슥슥 닦았어요.

'이렇게 직접 딴 감을 먹어 보는 건 처음이야!'

상구는 한껏 기대에 찬 얼굴로 감을 우적 베어 물었어요.

"으으…… 이게 뭐야! 퉤! 퉤! 퉤!"

상구는 곧장 감을 모두 뱉어 내고야 말았어요. 세상에, 감이 너무너무 쓴 거예요!

"뭐 이런 감이 다 있어!"

상구가 인상을 찡그리며 돌아서는데, 할아버지와 제자분이 상구를 보며 억지로 웃음을 참고 계시지 뭐예요.

"요 녀석아, 떫지? 그래서 할아버지가 먹지 말라고 했잖아."

"맛있는 감이면 벌써 너 먹으라고 줬겠지. 그건 못 먹는 감이라고!"

상구는 물로 입안을 몇 번이나 헹궈 냈어요.

"으, 할아버지 너무 떫어요. 도대체 못 먹는 감을 왜 이렇게 많이 따신 거예요?"

상구의 물음에 제자분이 대답해 주었어요.

"할아버지는 전통 염색을 하시는 분이잖아. 이 감으로 염색물을 들일 거야."

"이걸로 염색을 한다고요? 애개개, 감이 발갛게 익어야 색이 예쁠 텐데, 이건 푸르뎅뎅한 게 감색이 하나도 안 예쁘잖아요."

그 말에 할아버지는 지긋이 미소를 지으셨어요.

"이맘때 떫은 감이라야 염색이 잘되는 거야. 감으로 염색한 옷을 갈옷이라 하는데, 땀을 흘려도 몸에 달라붙지 않아 얼마나 시원하다고. 지금 할아버지가 입고 있는 옷이란다."

상구는 입을 헤 벌리고 감을 보았어요. 아무 색도 안 날 것 같은 감에서 갈색이 나온다는 게 신기했지요.

"할아버지, 더 예쁜 색깔은 없어요?"

상구는 할아버지를 졸졸 따라다니며 물었어요.

"친구들한테 자랑할 거란 말이에요."

할아버지는 너른 염색장으로 상구를 데리고 가셨어요.

"상구야, 이게 방금 따서 말린 잇꽃이야."

"잇꽃이요?"

상구는 잇꽃을 들고 물끄러미 보았어요.

"잇꽃으로 얼마나 예쁜 색들이 나오는지 보여 줄게. 색을 보면 너도 깜짝 놀랄걸?"

상구는 호기심 가득한 눈빛으로 할아버지와 제자분이 하는 일을 지켜보았어요.

먼저 제자분이 커다란 통에 물을 채우고 잇꽃을 가득 담은 자루를 물속에 담가 놓았어요. 이 상태로 이틀을 둔다고 하셨어요.

"우와! 신기하다!"

어느새 물은 노란빛을 띠고 있었어요. 잇꽃 속에서 아주 예쁜 노란 물이 배어 나온 거예요.

"자, 이번에는 다른 마술을 보여 줄까?"

제자분은 노란 물을 다 빼낸 잇꽃 자루를 이번에는 다른 물에 담갔어요.

"이건 꽃대를 태우고 난 재를 탄 물인데, 이 잿물에 잇꽃 자루를 담가 볼게."

몇 시간 뒤, 놀라운 일이 일어났어요. 분명히 노란색을 다 우려낸 잇꽃 자루에서 이번에는 붉은색이 우러나오는 거예요.

"잇꽃은 노란색을 다 우려내고 잿물에 담그면 붉은빛이 또 나온단다."

할아버지가 손질한 흰 옷감을 염색한 물에 담갔어요. 색깔이 정말 예뻤어요.

한 번 살짝 담가서 말리면 아주 엷은 분홍빛이 났고요, 여러 번 담가 말리면 아주 진한 다홍빛이 났어요. 그건 어디에서도 쉽게 볼 수 없는 빛깔이었어요.

"우와, 진짜 예쁘다! 할아버지, 나도 해 볼래요!"

상구는 챙겨 온 하얀 손수건을 꺼냈어요.

"난 노란색으로 염색할래요!"

상구는 잇꽃에서 빼낸 노란 염색 물에 손수건을 담갔어요. 그리고는 할아버지와 함께 염색한 천들을 마당에 널었어요. 감물을 들인 갈색 천, 잇꽃을 물들인 노란 천, 붉은 천들이 하늘하늘 바람에 흔들렸어요.

며칠 뒤, 상구는 엄마한테 막 자랑을 했어요.

"엄마, 이것 봐! 진짜 예쁘지? 내가 염색한 손수건이야!"

상구는 잇꽃으로 염색한 손수건을 흔들며 자랑했어요. 노란 빛깔이 사랑스러운 병아리색 같았지요.

"어머, 우리 상구가 멋지게 염색했네? 기특한 우리 상구, 엄마 주려고 만들었구나."

엄마는 상구가 들고 흔드는 손수건을 가져갔어요.

그러자 상구는 얼른 손수건을 뺏으며 말했어요.

"이것 엄마 줄 거 아닌데……. 내 짝꿍 지아 줄 거란 말이에요! 지아가 노란색을 얼마나 좋아한다고!"

그 말에 온 가족이 깔깔 웃었어요. 엄마만 빼고요.

"에휴, 벌써부터 여자 친구 먼저 챙기는 거니?"

엄마는 서운하신지 한숨을 푹 내쉬었어요.

제주도에서 보낸 여름 방학은 정말 재미있었어요. 특히 할아버지가 보여 주신 전통 염색은 두고두고 잊지 못할 거예요.

어느새 집으로 돌아갈 날이 되었어요.

가방을 챙겨 나오는 상구에게 할아버지는 작은 보따리를 건네 주셨어요.

"상구야, 이건 할아버지가 주는 선물이란다."

'이 안에 뭐가 들어 있을까? 알록달록 아주 근사한 옷? 아니면 예쁜 이불인가?'

상구는 두근두근 기대하며 보따리를 풀어 보았어요. 그런데 세상에, 가방을 열어 보니 그 떫은 감으로 만든 칙칙한 갈옷이 들어 있는 게 아니겠어요?

속이 상한 상구는 갑자기 눈물이 나려고 했어요.

"아이, 난 이 색깔 싫단 말이야. 이 옷 안 입을 거야!"

그러자 할아버지가 상구를 꼭 안아 주시며 말씀하셨어요.

"상구야, 이 갈옷은 땀도 덜 나게 하고, 세균도 자라지 못하게 하는 힘이 있단다. 그래서 입고만 있어도 피부병 있는 사람에게 아주 좋아."

상구는 눈물을 뚝 그치고 할아버지를 보았어요.

"할아버지!"

할아버지는 아토피로 고생하는 상구를 위해 옷을 만드신 거예요.

상구는 그제야 할아버지 사랑을 느낄 수 있었어요. 이후 그 옷을 즐겨 입었지요. 이렇게 근사한 옷을 만들어 입은 사람은 상구밖에 없어요. 상구는 집으로 돌아가 할아버지에게 편지를 썼어요.

할아버지, 건강하게 잘 지내고 계세요?
할아버지께서 만들어 주신 옷은 정말 잘 입고 있어요.
올 여름은 정말 시원하고 행복하게 보냈답니다.
그래서 제 피부병도 많이 나았어요. 고맙습니다, 할아버지!

놀라운 색의 예술
전통 염색

　우리 민족을 흔히 '백의민족'이라 해요. 흰옷을 즐겨 입었다고 해서 그렇게 불렸는데요. 사실 우리 조상들은 일찍이 뛰어난 염색 기술을 선보였답니다. 삼한 시대부터 쪽을 사용해 청색 의복을 입었다는 기록이 있으니, 그 역사가 아주 오래되었지요.

　삼국 시대에는 염색 기술이 더욱 발달해 염색을 담당하는 관청까지 따로 둘 정도였어요. 신분이나 직위에 따라 의복의 색깔이 달랐는데, 박물관에 가서 옛 의상들을 보면 색이 얼마나 화려하고 아름다웠는지 잘 알 수 있지요. 특히 우리나라 전통 염색은 색이 매우 아름다워 고려 시대부터는 외국에 많이 수출하였어요.

　염색에 사용되는 재료로 동물, 광물, 식물 등이 있어요. 그런데 우리나라 전통 염색은 주로 식물에서 채취한 것들이에요. 대표적 식물로는 푸른빛을 내는 쪽, 붉은색과 노란색을 내는 홍화(잇꽃), 노란색을 내는 치자, 갈색을 내는 감, 흑색을 내는 떡갈나무이지요. 쑥, 울금, 오미자, 지치나무 뿌리, 꼭두서니 덩굴 등도 아름다운 색을 낸답니다.

　그럼, 대표적 전통 염색인 쪽빛은 어떻게 만드는지 알아볼까요?

먼저 '쪽'이라는 식물이 꽃을 피울 때쯤 거두어 맑은 물에 담가요. 며칠 지나 물이 녹색을 띠면 쪽을 건져 내고, 여기에 굴이나 조개의 껍데기를 태운 재를 넣어요. 이것을 휘저으면 물은 어느새 연녹색에서 청색, 자주색으로 변한 거품을 만든답니다.

그 다음에도 여러 과정을 거쳐야만 하늘색이 겨우 만들어져요. 아주 짙은 파란색을 만들려면 그 물에 수십 번을 담가 말려야 하고요.

전통 염색의 아름다움은 바로 여기에 있어요. 색이 은은하고 맑으면서 똑같은 색은 절대 나올 수 없지요. 해마다 수확되는 식물의 특성과 날씨, 옷감의 성질, 혼합하는 잿물의 양, 건조 방법, 장인의 손길에 따라 전통 염색은 오묘한 빛깔을 선사하죠.

예를 들어 홍화의 붉은빛도 연분홍부터 분홍, 수홍, 연홍, 은홍, 다홍, 대홍색에 이르기까지 옛 기록에 등장하는 홍색의 이름만도 최소 30가지일 정도랍니다.

요즘 옷들은 대부분 화학 염료로 염색을 해요. 전통 염색을 하면 시간과 돈이 많이 들기 때문이지요. 하지만 화학 염료로 만든 옷은 피부에도 좋지 않을뿐더러, 시간이 지나면 색이 바래 보기가 좋지 않아요. 대신 우리 전통 염색은 자연에서 직접 얻은 색이라 은은하며 질리지 않고, 건강에도 좋지요.

그래서 우리 전통 염색이 요즘 다시 주목 받고 있어요. 또한 전통 염색은 화학 염료로는 절대 낼 수 없는 뛰어난 색감이 많아서 의복 외에도 공예, 건축 등 다양한 분야에 쓰이고 있답니다.

▲ 전통 염색으로 물들인 복주머니

여섯 번째 이야기

뚝딱!
흙으로 만든 만병통치약

"엉엉……. 우리 순이 좀 살려 주세요."

순옥이는 닭똥 같은 눈물을 주룩주룩 흘렸어요. 같이 산에서 놀던 동생 순이가 먹은 것을 다 토하며 쓰러진 거예요.

"비켜요, 비켜!"

삼촌은 순이를 들쳐 업고는 헉헉 집으로 뛰어갔어요. 의원은 너무 멀어 빨리 응급조치를 해야 했지요. 순옥이는 동생이 혹여 죽는 건 아닐까 겁이 났어요.

"산에서 혹시 뭐 잘못 먹었어?"

삼촌의 물음에 순옥이는 꺽꺽 울면서 말했어요.

"흑흑……. 잘 생각이 안 나요……. 산에서 먹은 거 없는데……."

그 순간 갑자기 장난 삼아 버섯을 따 먹던 게 생각났어요.

"맞아요! 나무 밑에 난 버섯을 순이가 소꿉장난하며 뜯어 먹었어요."

그 말을 들은 삼촌은 머리를 감싸 쥐며 괴로워했어요.

"에구, 이런! 독버섯을 먹은 모양이군."

"독…… 독버섯이요? 그럼 순이는 어떻게 되는 거예요?"

순옥이는 얼굴이 하얘지며 바닥에 털썩 주저앉았어요.

"못 먹게 할걸! 보통 버섯인 줄 알았는데 엉엉……."

삼촌은 순옥이 등을 토닥이고는 얼른 장독대로 뛰어가 물을 떠 왔어요. 그러고는 정신을 잃은 순이에게 열심히 물을 떠먹였어요.

"다행히도 버섯을 조금 먹어서 괜찮을 거야. 몇 해 전에 삼촌도 그런 적이 있거든."

"정말이에요?"

천만다행이었어요.

삼촌 말대로 순이는 조금 뒤 정신을 차렸지요.

"순이야, 이제 좀 괜찮아?"

순이는 천천히 고개를 끄덕였어요. 순옥이는 그제야 휴 하고 안도의 한숨을 내쉬었어요.

"순이야, 언니가 다음부터는 너 잘 지켜 줄게."

순옥이는 순이 손을 꼭 잡아 주었어요. 참 신기했어요. 삼촌이 떠 온 물은 도대체 무슨 물이기에 순이가 나은 걸까요?

"조금 전에 순이에게 먹인 물은 지장수라는 거야."

"지장수요?"

"장독대에 가면 어르신들이 만들어 둔 지장수가 늘 있어. 순옥아, 우리 마을의 유명한 붉고 고운 흙 알지? 그 황토를 가라앉힌 물이 지장수인데, 황토에는 몸에 좋은 성분이 아주 많단다. 나쁜 걸 먹고 탈이 났을 땐 이만 한 게 없지."

순이 이야기는 금세 온 마을에 퍼졌어요. 놀라서 달려오신 할아버지와 아버지는 큰일 날 뻔했다며 가슴을 쓸어내리셨지요.

"그래도 지장수를 바로 먹여 다행이다."

그러면서 할아버지는 아주 오래전 이야기를 들려주셨어요.

"몇 해 전에 마을 앞바다가 심하게 오염된 적이 있었어. 죽은 물고기들이 둥둥 떠오르는데, 정말 마을 사람들 근심이 이만저만 아니었단다. 그런데 말이다……. 그때도 황토를 뿌려서 바다를 살려 냈단다. 황토가 나쁜 독을 걸러 준다는 사실은 조상 대대로 내려온 지혜거든!"

"우와, 그냥 흙인 줄 알았는데 황토는 대단한 재주를 가졌네요!"

"우리 어린 손녀를 살렸는데 대단하지, 아무렴!"

얼마 후, 순옥이와 순이는 또 산에 놀러 갔지요.

"지난번처럼 산에서 나는 거 아무거나 먹으면 안 돼. 알았지?"

"걱정 마, 언니. 어른들이 주시는 것만 먹을 거야."

그런데 얼마 못 가 순이는 또 말썽을 일으키고 말았어요.

"이랴! 이랴!"

신 나게 말타기를 하던 순이가 높은 바위 위에서 그만 기우뚱 떨어지고 만 거예요.

"아이, 아파! 잉잉……."

어느새 순이의 손바닥에서 피가 나고 있었어요.

'어떡하지? 어른들한테 엄청 혼날 텐데……. 산에 못 가게 하실지도 몰라.'

순옥이는 순이 손에서 나는 피를 보며 발을 동동거렸어요.

그런데 그때 번뜩 할아버지 말씀이 떠올랐어요.

'맞아! 황토가 피를 멎게 한다고 하셨어!'

순옥이는 얼른 땅을 파서 깨끗하고 고운 황토를 폈어요. 그리고 순이 상처에 뿌렸지요.

"순이야, 일단 이렇게 한 다음 천천히 산을 내려가자."

다행히 순이의 피는 금방 멎었어요. 같이 놀던 아이들은 깜짝 놀라는 눈치예요.

"와, 순이 피가 금세 멎었어!"

"순옥이가 의원 같다. 저런 건 어떻게 알았지?"

순옥이는 시치미를 뚝 떼고 말했어요.

"내가 평소에 공부를 얼마나 많이 하는데. 이것도 다 책에서 배운 거라고!"

그때부터 순옥이는 '여자 허준'이라는 별명을 얻었지요. 허준은 조선 시대의 아주 유명한 의원 이름이랍니다. 순옥이는 조금 찔리긴 했지만 기분이 좋았어요.

집에 돌아온 순옥이는 삼촌에게 쓰고 남은 황토를 건넸어요.

"삼촌, 내가 산에서 아주 좋은 황토를 갖고 왔거든요. 필요한 데 없어요?"

"네가 웬일로 황토를?"

순옥이는 마치 자기가 아주 대단한 의원이 된 것처럼 말했어요.

"오늘 순이가 다쳤는데 제가 황토로 낫게 해 주었거든요."

"그래?"

삼촌은 짓궂은 미소를 짓더니 순옥이에게 이렇게 말했어요.

"마침 잘됐다! 삼촌 발 냄새가 심하거든."

삼촌이 신발을 벗자 정말 발 냄새가 확 코끝에 스쳤어요.

"윽…… 냄새!"

"황토는 건강에 여러모로 아주 좋단다. 따뜻한 물에 황토를 넣고 발을 담그고만 있어도 몸의 독소가 빠지고, 염증도 곧잘 낫지. 자, 얼른 따뜻한 물을 대령하여라!"

"에휴, 괜히 황토를 갖고 왔어."

순옥이는 투덜거리며 따뜻한 물을 대야에 담아 왔어요. 그리고 황토를 풀었어요. 대야의 물은 이내 붉은 황토물로 바뀌었어요.

"아이고, 시원하다."

삼촌은 발을 담그고는 연신 함박웃음을 지었어요. 순옥이는 오늘

일어난 일들이 모두 꿈같았어요.

'오늘은 괜히 내가 대단한 일을 한 것 같아. 순이 다친 것도 금방 낫게 하고 삼촌에게도 좋은 일을 하고……. 헤헤.'

순옥이는 그제야 옷에 묻은 황토를 툭툭 털며 환하게 웃었답니다.

한없이 이로운 흙
황토

 흔히 황토는 누르스름하거나 검붉은 빛을 띤 흙을 말해요. 하지만 이런 색을 띠었다고 모두 뛰어난 흙은 아니에요. 황토는 수백 년에서 길게는 천 년 넘게 오래도록 태양을 받아야 약효가 있답니다.
 태양광선은 가시광선, 적외선, 자외선 등 여러 광선으로 이루어져 있어요. 이 가운데 원적외선은 사람 몸의 독소를 없애 주고, 곰팡이나 세균을 죽이는 역할을 해요. 그래서 태양을 많이 받은 황토일수록 몸에 좋은 원적외선이 많이 포함되어 있는 거죠. 또한 황토에는 음이온이라는 좋은 성분도 들어 있어요. 음이온은 사람의 몸에 활기를 불어넣어 주고 노화를 늦추는 역할을 해요.

▼ 사계절 내내 쾌적한 황토집

황토에 이토록 좋은 성분이 들어 있다 보니, 옛 어른들은 황토를 생활 속에서 많이 활용했어요. 가장 대표적으로 황토로 만든 집이에요. 황토로 집을 만들면 겨울에는 따뜻하고 여름에는 시원해요. 또한 황토 속에는 공기가 드나들 수 있는 작은 구멍이 있는데, 이 구멍이 습기를 자동으로 조절해 주고 환기도 시켜 주었답니다. 그래서 황토집은 사계절 내내 쾌적하게 지낼 수 있는 장점이 있어요.

하지만 요즘은 높은 빌딩과 아파트가 들어서면서 철근과 콘크리트로 만든 집이 대다수이지요. 점차 호흡기나 피부 질환을 앓는 사람이 많아졌어요. 이런 질병은 주변 환경을 조금만 바꿔 줘도 금방 좋아질 수 있어요. 그래서 황토를 이용한 시설들이 좋은 호응을 받고 있지요.

황토는 예나 지금이나 일상에서 흔히 사용되고 있어요. 집에서는 황토로 물을 들인 의류와 침구류를 사용하고, 황토를 가라앉힌 지장수는 배탈이 난 데 마시면 효험이 있지요. 지장수로 채소를 씻으면 농약도 없앨 수 있고요.

옛날엔 독충에 물리면 황토를 바르기도 했어요. 이렇게 황토는 몸의 독성을 없애 주는 기능이 있어 직접 몸에 바르거나 마사지를 하는 데도 많이 쓰이고 있답니다.

▶ 황토로 물들여 만든 쿠션과 스카프

에헴, 동장군아 물렀거라!

1판 1쇄 발행일 2014년 12월 1일
1판 6쇄 발행일 2024년 1월 22일

지은이 윤희정
그린이 김혜란

발행인 김학원
발행처 휴먼어린이
출판등록 제313-2006-000161호(2006년 7월 31일)
주소 (03991) 서울시 마포구 동교로23길 76(연남동)
전화 02-335-4422 **팩스** 02-334-3427
저자·독자 서비스 humanist@humanistbooks.com
홈페이지 www.humanistbooks.com
유튜브 youtube.com/user/humanistma **포스트** post.naver.com/hmcv
페이스북 facebook.com/hmcv2001 **인스타그램** @human_kids
편집 이현아 정은미 **디자인** 유주현
스캔·출력 이희수com. **용지** 화인페이퍼 **인쇄** 삼조인쇄 **제본** 광현

글 ⓒ 우리누리, 2014

ISBN 978-89-6591-250-7 73400

- 이 책은 저작권법에 따라 보호받는 저작물이므로 무단 전재와 무단 복제를 금합니다.
- 이 책의 전부 또는 일부를 이용하려면 반드시 저작권자와 휴먼어린이 출판사의 동의를 받아야 합니다.

사용 연령 8세 이상 종이에 베이거나 긁히지 않도록 조심하세요. 책 모서리가 날카로우니 던지거나 떨어뜨리지 마세요.